AF391069

FORMES EXTÉRIEURES

ET

ANATOMIE ÉLÉMENTAIRE

DU CHEVAL

PARIS. — LIBRAIRIE P. ASSELIN.
Place de l'École-de-Médecine

CORBEIL. — TYP. CRETÉ FILS.

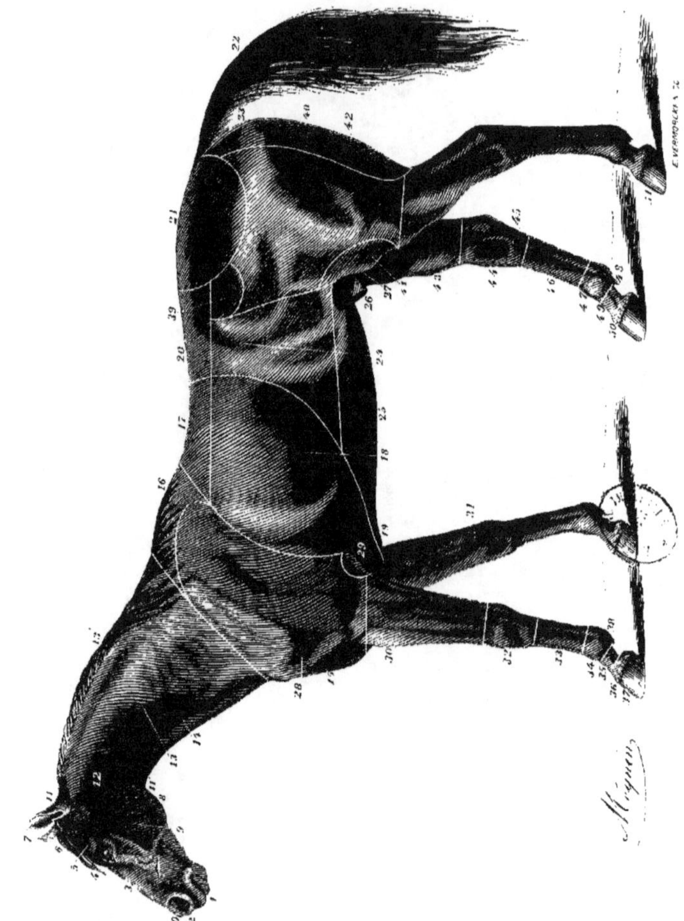

Figure 1. — Régions extérieures du cheval.

DÉSIGNATION DES DIVERSES RÉGIONS EXTÉRIEURES DU CHEVAL.

1. Lèvres.
2. Bout du nez.
3. Chanfrein.
4. Front.
5. Salières.
6. Toupet.
7. Oreilles.
8. Ganaches.
9. Joue.
10. Naseau.
11. Nuque.
11. Gorge.
12. Parotides.
13. Encolure.
13'. Crinière.
14. Gouttière de la jugulaire.
15. Poitrail.
16. Garrot.
17. Dos.
18. Côtes.
19. Passage des sangles.
20. Reins.
21. Croupe.
22. Queue.
23. Anus.
24. Flancs.
25. Ventre.
26. Fourreau.
27. Testicules.
28. Épaule et bras.
29. Coude.
30. Avant-bras.
31. Châtaigne.
32. Genou.
33. Canon.
34. Boulet.
35. Paturon.
36. Couronne.
37. Pied.
38. Ergot et fanon.
39. Hanche.
40. Cuisse.
41. Grasset.
42. Fesse.
43. Jambe.
44. Jarret.
45. Châtaigne.
46. Canon.
47. Boulet.
48. Ergot et fanon.
49. Paturon.
50. Couronne.
51. Pied.

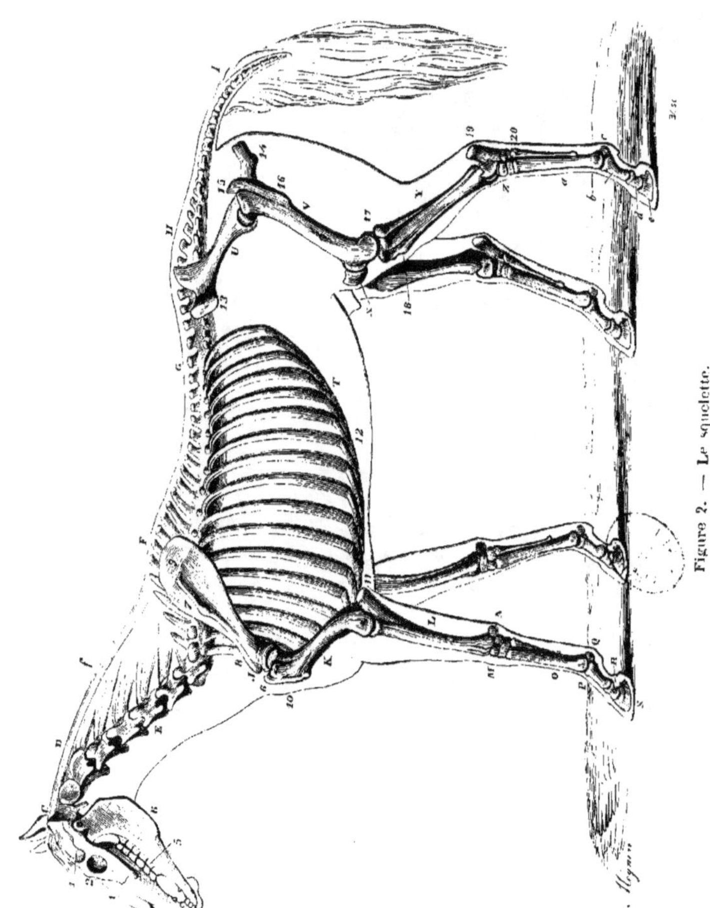

Figure 2. — Le squelette.

LE SQUELETTE.

A. Tête.
B. Mâchoire inférieure.
C. Atlas, 1re vertèbre du cou.
D. Axis, 2e vertèbre du cou.
E. Les sept dernières vertèbres cervicales.
F. Apophyses épineuses du dos (garrot).
G. Vertèbres dorsales et lombaires.
H. Sacrum, base de la croupe.
I. Os coccygiens ou queue.
J. Omoplate ou scapulum.
K. Humérus, os du bras.
L. Radius, os de l'avant-bras.
M. Genou, os carpiens.
N. Pli du genou, os crochu.
O. Canon, os métacarpien.
P. Premier phalangien, os du paturon.
Q. Grand sésamoïde.

R. Deuxième phalangien, os de la couronne.
S. Troisième phalangien, os du pied.
T. Les côtes.
U. Le coxal, os de la croupe.
V. Fémur, os de la cuisse.
X. Rotule.
Y. Tibia, os de la jambe.
Z. Jarret, os tarsiens.
a. Canon, os métatarsien.
b. Première phalange, os du paturon.
c. Grand sésamoïde.
d. Seconde phalange, os de la couronne.
e. Troisième phalange, os du pied.
f. Faisceau supérieur du ligament cervical.
1. Arcade zygomatique.
2. Cavité orbitaire.
3. Os sus-nasaux ou chanfrein.

4. Dents incisives.
5. Dents molaires.
6. Articulation scapulo-humérale (épaule et bras).
7. Acromion.
8. Cavité de l'omoplate.
9. Cartilage de l'omoplate.
10. Tubérosité supérieure de l'humérus.
11. Olécrane, os du coude.
12. Cartilages des côtes.
13. Hanche, angle externe et antérieur de l'ilium.
14. Ischion, angle postérieur de l'ilium.
15. Grand trochanter.
16. Petit trochanter.
17. Articulation du fémur et du tibia.
18. Tubérosité supérieure du tibia.
19. Calcanéum.
20. Tête du péroné.

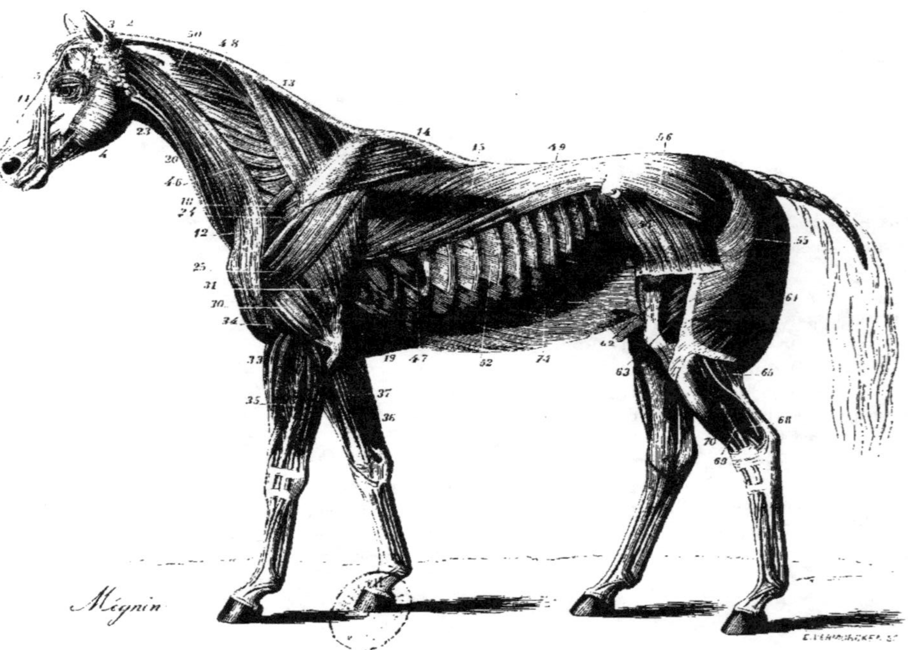

Figure 3. — Muscles de la couche superficielle.

LES MUSCLES DE LA COUCHE SUPERFICIELLE, LE PANNICULE CHARNU ENLEVÉ

2. Muscle abaisseur de l'oreille.
3. L'auriculaire, ou moteur de l'oreille.
4. Masséter.
5. Orbiculaire des paupières.
11. Muscles des lèvres et du nez.
12. Muscle commun (mastoïdo-huméral.
13. Trapèze cervical.
14. Trapèze dorsal
15. Grand dorsal.
18. Petit pectoral.
19. Pectoral profond.
20. Sterno-maxillaire.
23. Omoplat-hyoïdien.
24. Muscles sus-épineux.

25. Muscles sous-épineux.
30. Court extenseur du bras.
31. Gros extenseur de l'avant-bras.
33. Extenseur antérieur du métacarpe.
34. Court fléchisseur de l'avant-bras.
35. Extenseur antérieur des phalanges.
36. Fléchisseur externe du métacarpe.
37. Extenseur latéral des phalanges.
37'. Extenseur oblique du métacarpe.
46. Angulaire de l'omoplate.
47. Grand dentelé.
48. Releveur propre de l'épaule.
49. Petit dentelé.
50. Splénius.

52. Muscles intercostaux.
54. Fascia lata.
55. Long vaste.
56. Moyen fessier.
61. Demi-tendineux.
62. Droit antérieur de la cuisse.
63. Vaste externe.
65. Jumeaux de la jambe.
68. Fléchisseur profond des phalanges.
69. Extenseur latéral des phalanges.
70. Extenseur antérieur des phalanges.
74. Grand oblique du bas-ventre.

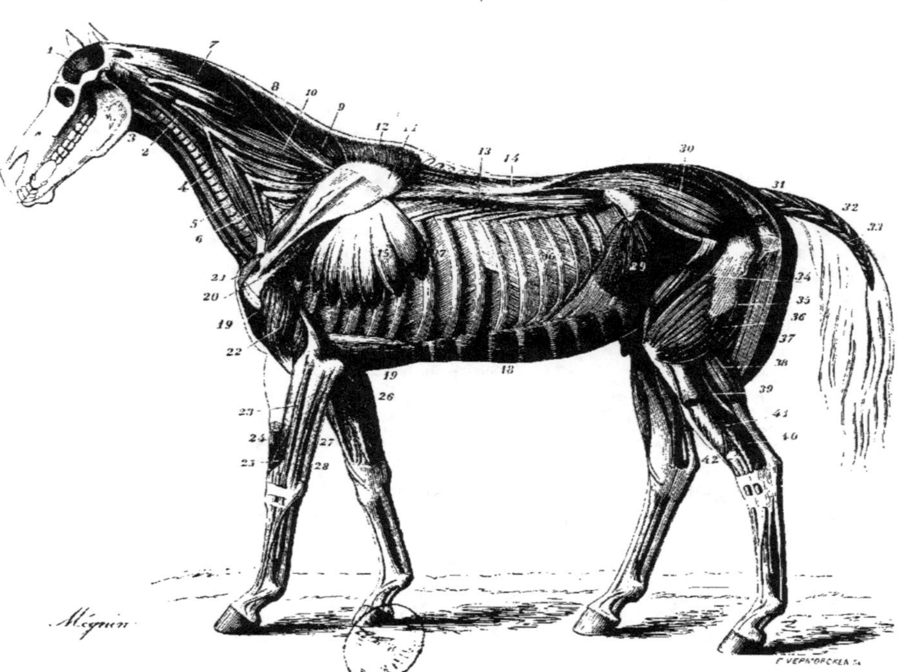

Figure 4. — Muscles de la couche profonde.

LES MUSCLES DE LA COUCHE PROFONDE.

1. Muscle temporal.
2. Grand droit antérieur du cou.
3. Extrémité supérieure du sterno-hyoïdien.
4. Sterno-maxillaire.
5. Trachée artère.
6. Scalène antérieur.
7. Splénius.
8. Bord supérieur du ligament cervical.
9. Releveur propre de l'épaule.
10. Angulaire de l'omoplate.
11. Cartilage de l'omoplate.
12. Muscle rhomboïde.
13. Intercostal commun.
14. Ilio spinal.
15. Muscle grand dentelé.

16. Intercostaux externes.
17. Intercostaux internes.
18. Grand droit de l'abdomen.
19. Pectoral profond.
20. Court abducteur du bras.
21. Long fléchisseur de l'avant-bras.
22. Court fléchisseur de l'avant-bras.
23. Extenseur latéral des phalanges.
24. Tendon de l'extenseur antérieur du métacarpe.
25. Extenseur oblique du métacarpe.
26. Portion superficielle du fléchisseur profond.
28. Portion moyenne du fléchisseur profond.
29. Petit oblique de l'abdomen.

30. Grand fessier.
31. Sus-coccygiens.
32. Coccygiens latéraux.
33. Coccygiens inférieurs.
34. Muscle droit antérieur.
35. Vaste externe.
36. (Le demi-tendineux et le long vaste sont enlevés.)
37. Demi-membraneux.
38. Jumeaux de la jambe.
39. Soléaire.
40. Fléchisseur profond des phalanges.
41. Extenseur latéral des phalanges.
42. Fléchisseur du métatarse.

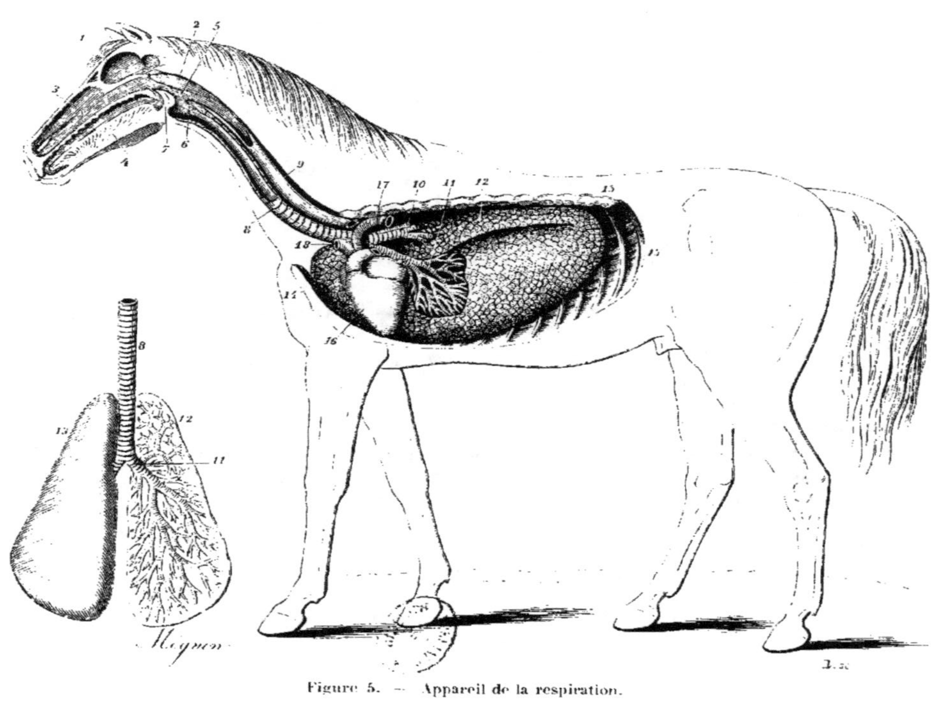

Figure 5. — Appareil de la respiration.

APPAREIL DE LA RESPIRATION.

1. Cavité crânienne.
2. Poche gutturale.
3. Cavité nasale.
4. Langue.
5. Cavité pharyngienne.
6. Cavité du larynx.
7. Épiglotte.
8. Trachée.
9. OEsophage.

10. Bronche gauche coupée.
11. Bronche droite se ramifiant.
12. Le poumon droit.
13. Poumon gauche vu en dessus.
14. Sternum.
15. Côtes : — 15′. Section des côtes gauches.
16. Cœur.
17. Aorte postérieure.
18. Aorte antérieure.

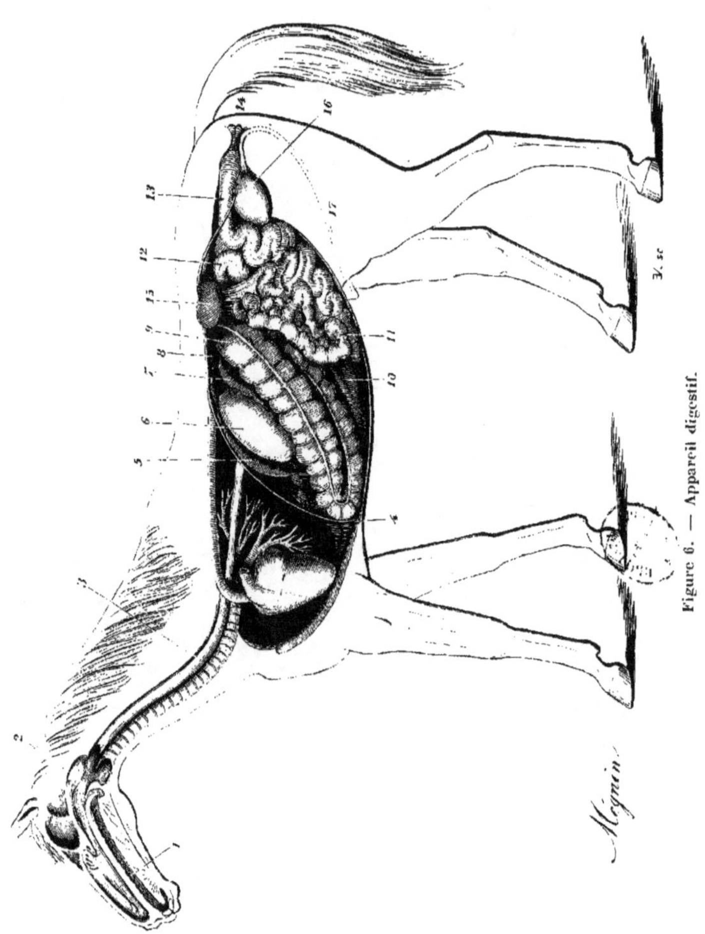

Figure 6. — Appareil digestif.

APPAREIL DIGESTIF.

1. Bouche.
2. Pharynx.
3. Œsophage.
4. Diaphragme.
5. Rate.
6. Estomac (sac gauche).
7. Duodénum.
8. Foie (extrémité supérieure).
9. Gros côlon.

10. Cæcum.
11. Intestin grêle.
12. Côlon flottant.
13. Rectum.
14. Anus.
15. Rein gauche et son uretère.
16. Vessie.
17. Urèthre.

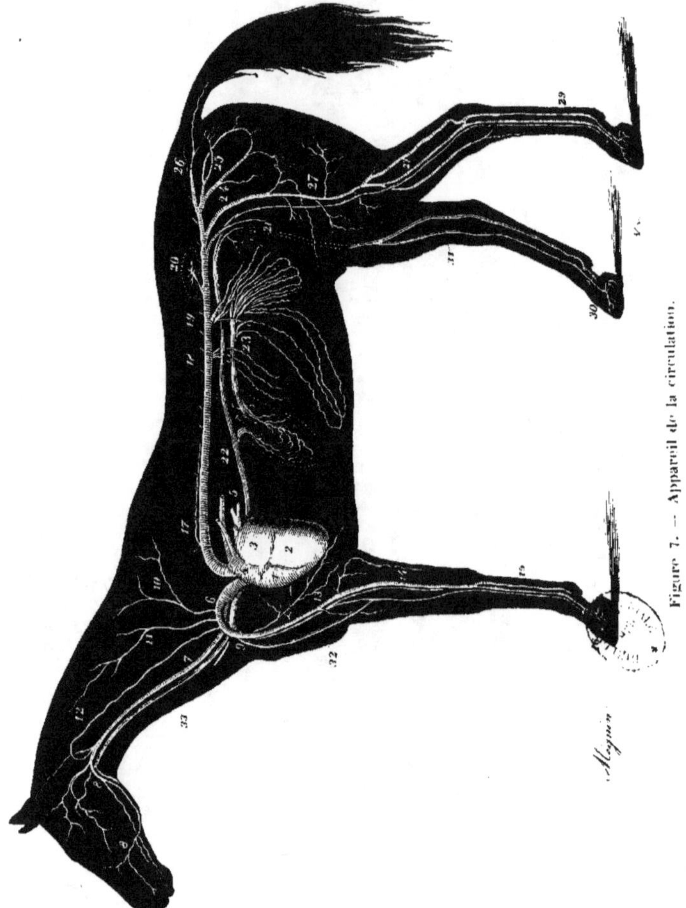

Figure 7. — Appareil de la circulation.

APPAREIL DE LA CIRCULATION.

(Le membre antérieur gauche a été enlevé, afin de bien montrer que c'est à la face interne du membre antérieur droit que rampent les vaisseaux figurés.)

1. Cœur (ventricule droit).
2. — (ventricule gauche).
3. — (oreillette gauche).
4. Artère pulmonaire.
5. Veines pulmonaires.
6. Aorte antérieure.
7. Artère carotide primitive.
8. — maxillaire externe.
9. — axillaire gauche.
10. — dorsale.
11. — cervicale supérieure.
12. — vertébrale.
13. — humérale.
14. — radiale.
15. — collatérale du canon.
16. Rameau coronaire.
17. Aorte postérieure.
18. Tronc cœliaque se distribuant à l'estomac.
19. Vaisseaux mésentériques.
20. Artère rénale.
21. — testiculaire.
22. Veine-cave postérieure.
23. Veine-porte.
24. Artère iliaque externe.
25. — iliaque interne.
26. — sous-sacrée.
27. — fémorale.
28. — tibiale postérieure.
29. — digitale.
30. Réseau veineux du pied.
31. Veine saphène interne.
32. — de l'ars.
33. — jugulaire.

(A l'exception des deux aortes, de la veine-cave, de la veine-porte et de ses divisions, tous les autres vaisseaux sont doubles et symétriques, c'est-à-dire qu'ils se retrouvent dans chaque moitié du corps.)

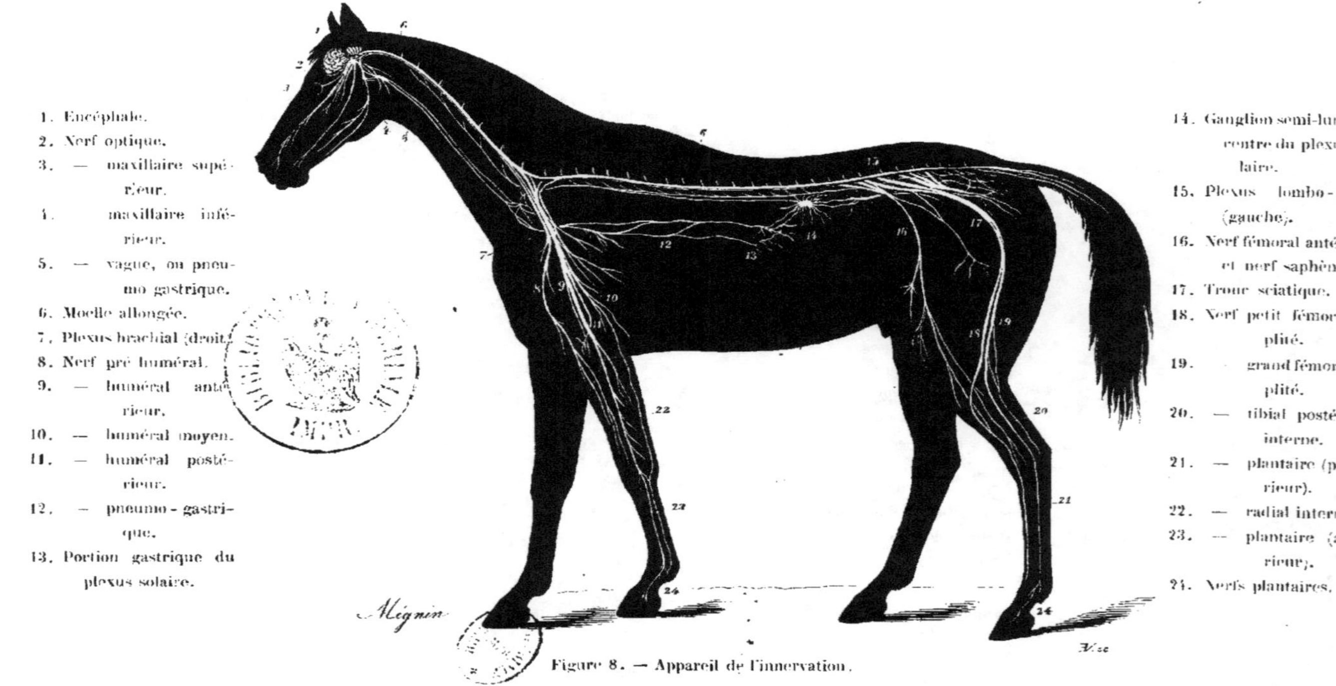

Figure 8. — Appareil de l'innervation.

Comme pour les vaisseaux, à l'exception de la moelle épinière et de la partie correspondante du grand sympathique, tous les autres nerfs sont doubles et symétriques, c'est-à-dire qu'ils se retrouvent dans chaque moitié du corps.)